Bibliografische Information der Deutschen Nationalbibliothek:

Die Deutsche Bibliothek verzeichnet diese Publikation in der Deutschen National-
bibliografie; detaillierte bibliografische Daten sind im Internet über http://dnb.d-
nb.de/ abrufbar.

Impressum:

Copyright © 2009 GRIN Verlag, Open Publishing GmbH
Druck und Bindung: Books on Demand GmbH, Norderstedt Germany
ISBN: 9783640482009

Dieses Buch bei GRIN:

http://www.grin.com/de/e-book/140522/mikroskop-und-mikroskopie-ein-wichtiger-
helfer-auf-vielen-gebieten

Wolfgang Piersig

Mikroskop und Mikroskopie - Ein wichtiger Helfer auf vielen Gebieten

Definitionen, Geschichte, Daten, Literatur

GRIN Verlag

Mikroskop und Mikroskopie

ein wichtiger Helfer auf vielen Gebieten.

■

Definitionen, Geschichte, Daten, Literatur.

■

Dr.-Ing. Wolfgang Piersig

—

Berg- und Adam-Ries-Stadt Annaberg-Buchholz

—

Geburtsstadt von Emil Heyn — Begründer der Metallographie und Metallkunde

—

November 2009

Prolog.

Mikroskope sind optische Instrumente, welche sehr kleine Gegenstände dem Auge vergrößert darstellen; also, es ist ein Gerät, welches es erlaubt, dem menschlichen Auge nichtsichtbare Objekte bzw. die Struktur von Objekten sichtbar zu machen oder auch bildlich darzustellen. Eine Technik, die ein Mikroskop einsetzt um Gebilde wie auch die Anatomie der Stoffe sehbar zu machen, wird als Mikroskopie bezeichnet.

Sie war und ist ein wesentliches Hilfsmittel für die Forschung und Praxis vor allem in der Kristallographie, Biologie, Medizin wie auch in den Materialwissenschaften. Außerdem ist die Mikroskopie das technische Gebiet der Verwendung von Mikroskopen, um sowohl Oberflächenstrukturen und/oder den inneren Aufbau von Kristallen, Zellen, Organen, Werkstoffen etc. aufzuklären. Unterschieden wird dabei in die drei bekannten Zweige der Mikroskopie, nämlich: die optische, die Elektronen- und die Raster-Sonden-Mikroskopie.

In der vorliegenden Chronologie zum Mikroskop und der Mikroskopie wird aufgezeigt, daß die Geschichte der Mikroskopie, wie könnte es anders sein, mit den Griechen und Römern. Beginnt. Der Autor führt den Leser in seinem Exkurs zur Genese des Mikroskops sowie der Mikroskopie von den verwendeten Brenngläsern der Vorzeit, den eingesetzten Lesesteinen der Antike, über die geschaffenen klassischen Lichtmikroskope mit einem physikalisch bestenfalls möglichen Auflösungsvermögens von 0,2 Mikrometer bis hin zu den hochmodernen Transmissionselektronenmikroskop mit Aberrationskorrektur, TEAM genannt, mit einer Auflösung von 0,05 Nanometern.

Und dem Leserkreis wird weiterhin vermittelt, daß am Anfang die so genannten einfachen Mikroskope entwickelt und genutzt wurden, welche Instrumente mit einer Sammellinse von kurzer Brennweite (Lupe) sind, die einen um weniger als die Brennweite von ihr entfernten Gegenstand vergrößert zeigen.

Und, daß höhere Leistungsfähigkeit zusammengesetzte Mikroskope besitzen, bei denen ein Linsensystem von sehr kurzer Brennweite (Objektiv), von dem wenig außerhalb derselben befindlichen Gegenstand ein reelles, stark vergrößertes Bild entwirft, das innerhalb der Brennweite eines zweiten Systems (Okular, Augenglas) zu liegen kommt und, durch dieses wie durch eine Lupe betrachtet, dem Auge abermals vergrößert als virtuelles, mit Bezug auf das erste Bild aufrechtes, mit Bezug auf den Gegenstand also verkehrtes Bild erscheint.

Außerdem erkennt die Leserschaft, daß der Abstand des Gegenstandes von dem Objektiv so geregelt wird, daß er dem Beobachter in der deutlichen Sehweite erscheint, wobei die Gesamtvergrößerung das Produkt der Vergrößerungen von Objektiv und Okular ist.

Aus der Chronologie zur Mikroskopie spricht ebenfalls, eine noch bessere Auflösung ermöglichen die Elektronenmikroskope, die seit den 1930er Jahren entwickelt wurden, da Elektronenstrahlen eine kleinere Wellenlänge haben als Licht, und die entwickelten Rasterkraftmikroskope sehr feine Nadeln haben, mit denen die Oberfläche der Objekte abgetastet wird, wodurch die Geheimnisse der Natur noch besser entschlüsselt werden können.

Die zusammengestellten Daten und Fakten zu den Mikroskopen und der Mikroskopie bringen für die abbildende und rasternde Mikroskopie dabei folgende Nachweise:

- Die klassischen Lichtmikroskope beruhen auf einem abbildenden Prinzip, nämlich, ähnlich wie bei der Fotografie wird im Gerät durch eine Reihe von Linsen hindurch ein Bild erzeugt, das in einem Stück gesehen oder aufgenommen wird. Verschiedene lichtmikroskopische Verfahren und besonders Mikroskope, die auf anderen physikalischen Prinzipien beruhen, setzen dagegen auf ein Abrastern (scanning) des Objektes, bei dem die einzelnen Bildpunkte des vergrößerten Bildes Zeile für Zeile erzeugt werden. Hierzu zählen beispielsweise die Laser-Scanning-Mikroskope, die Elektronenmikroskope sowie die Rasterkraftmikroskope.

- Die zeitgemäße Lichtmikroskopie schließt auch Mikroskope mit ein, welche mit nicht sichtbarer elektromagnetischer Strahlung arbeiten, beispielsweise sind dies Instrumente, die das Infrarotlicht oder die Röntgenstrahlen nutzen. Im Allgemeinen werden Lichtmikroskope unterschieden nach ihrer Bauweise respektive ihrer Anwendung:

- Beim Auflichtmikroskop wird das Licht von der gleichen Seite eingestrahlt, von der auch das Objekt beobachtet wird. Verwendung findet es bei undurchsichtigen Präparaten und in der Fluoreszenzmikroskopie. In Abgrenzung wird die üblichere Anordnung, bei der das Präparat durchstrahlt wird als Durchlichtmikroskop bezeichnet.

- Ein Stereomikroskop hat für beide Betrachteraugen komplett getrennte Strahlengänge, die das Präparat aus verschiedenen Winkeln zeigen, so dass ein dreidimensionaler Eindruck entsteht.

- Ein Strichmikroskop ist eine Ablesevorrichtung an einem Theodolit, einem geodätisches Instrument zur Horizontal- und Höhenwinkelmessung in der Vermessungskunde.

- Das Operationsmikroskop wird von Ärzten im Operationssaal eingesetzt.

- Ein Trichinoskop wird bei der Fleischbeschau zum Nachweis von Fadenwürmer eingesetzt.

- Das Vibrationsmikroskop dient zur Untersuchung der Schwingung von Saiten bei Saiteninstrumenten.

- Messmikroskope haben eine Zusatzeinrichtung, die eine Vermessung des Präparats erlaubt.

- Lichtmikroskope nach dem physikalischen Prinzip unterteilt, ergibt folgende Katalogisierung:

    - Hellfeldmikroskop, das „normale" Lichtmikroskop
    - Dunkelfeldmikroskop
    - Phasenkontrastmikroskop
    - Polarisationsmikroskop
    - Differentialinterferenzkontrast
    - Interferenzreflexionsmikroskop, auch Reflexionskontrast-Mikroskop genannt
    - Röntgenmikroskop
    - Kathodolumineszenzmikroskop

- Ultramikroskop
- Fluoreszenzmikroskop
- Konfokalmikroskop bzw. konfokales Laserscanningmikroskop (CLSM - Confocal Laser Scanning Microscope)
- Multiphotonenmikroskop einschließlich Zwei-Photonen-Mikroskop
- TIRF-Mikroskop
- 4Pi-Mikroskop
- 3D-SIM-Mikroskop
- Stimulated Emission Depletion Microscope (STED)
- Photoactivated Localization Microscopy (PALM und STORM)
- Vertico-SMI-Mikroskop

- Elektronenmikroskope werden je nach Funktionsprinzip in die folgenden Arten unterteilt:

  - Transmissions-Elektronenmikroskop (TEM)
  - Raster-Transmissionselektronenmikroskop (STEM)
  - Energy Filtered Transmission Electron Microscopy (EFTEM)
  - Rasterelektronenmikroskop (REM oder SEM - Scanning Electron Microscope)
  - Sekundärelektronenmikroskop
  - ESEM
  - Feldemissionsmikroskop

- Von Rastersondenmikroskopen finden die folgenden Arten Verwendung:

  - Rastertunnelmikroskop (STM - Scanning Tunneling Microscope; seltener RTM)
  - Rasterkraftmikroskop (AFM - Atomic Force Microscope; seltener RKM)
  - Optisches Rasternahfeldmikroskop (SNOM oder NSOM - Scanning Near-Field Optical Microscope)
  - Akustisches Rasternahfeldmikroskop (SNAM oder NSAM - Scanning Near-Field Acoustic Microscope)

- Außerdem sind auch die nach sehr unterschiedlichen physikalischen Prinzipien arbeitenden Mikroskope bekannt und im Einsatz, wie

  - Ultraschallmikroskop oder akustisches Mikroskop
  - Helium-Ionen-Mikroskop
  - Focused-Ion-Beam-Mikroskop (FIB)
  - Photonisches Kraftmikroskop
  - Magnetresonanzmikroskop
  - Raster-SQUID-Mikroskope
  - Neutronenmikroskop

Die Perioden der Geschichte der Mikroskopie.

Vorgeschichte des Mikroskops..

Vorzeit	Ältere Kulturen schaffen Glasherstellung, Verwendung von Bergkristall kommt auf, Steinschleifen wird möglicherweise auf Glas übertragen. Es steht die These über Erfindung der Brille von Karl Richard Greeff (1862-1938): „Die alten Ägypter, Juden, Griechen und Römer hatten, wie aus ihrer reichen Literatur hervorgeht, keine Kenntnisse von den Brechungsgesetzen, d. h. daß Lichtstrahlen an gekrümmten Flächen durchsichtiger Körper abgelenkt werden: es ist ihnen auch nicht gelungen, das rein Praktische aus solchen Gesetzen zu finden, nämlich durchsichtige, linsenförmige Körper als Vergrößerungs- oder Brillengläser zu benutzen. Zwar hat man bei Ausgrabungen zahlreiche runde Stücke aus Quarz oder Bergkristall gefunden, die auf einer Seite stark konvex geschliffen sind. Es ist aber ein großer Irrtum, anzunehmen, daß das Lupen gewesen seien, es sind nur Schmuck und Zierstücke, die in Leder eingefasst meist auf Gürteln befestigt waren oder als Knöpfe auf Gewändern dienten.“
Antike	Zeitraum um 1100 v. u. Z. bis 476 u. Z: Kunst edles Gestein, Gläser zu schleifen kommt auf, optische Hilfsmittel fehlten, mikroskopische Untersuchungen sind nicht überliefert.
vor 612 v. Z.	Art plankonvexer Linsen aus Bergkristall in Ninive (zerstörte ehemalige Hauptstadt Neuassyriens im Zweistromland) vorhanden.
550 v. Z./100	Vorstellung zum Sehrvorgang sind festgehalten von: Pythagoras von Samos (um 580 o. 570 bis nach 510 o. 496 v. u. Z.); Empedokles (um 494 bis um 434 bzw. um 425 v. u. Z.); Demokrit (auch Demokritos um 460 bis um 370 v. u. Z.); Platon (Plato, 428 bis 427 v. u. Z. bis 348/347 v. u. Z.); Hipparchos von Nicäa (um 190 bis um 120 v. u. Z.).
vor 520 v. Z.	Griechen, Römer kannten Vergrößerungswirkung wassergefüllter Glaskugeln, so genannte Schusterkugeln, aber nicht ihre Ursache und Gesetzmäßigkeit.
um 500 v. Z.	Römer und Griechen benutzten nach Aristophanes (um 445 bis nach 388 v. u. Z.) Stück „Die Wolken“ (423 v. u. Z.) Linsen als Brenngläser, nicht als Lupen.
um 250 v. Z.	Nach Chrysippos von Soli (Soloi, 281/276 v. u. Z. bis 208/204 v. u. Z.) soll bereits Archimedes (um 287 v. u. Z. bis 212 v. u. Z.) die Brechungsgesetze von Linsen untersucht und einen am Kopf befestigten Kristall zur Sehkorrektur getragen haben.
1. Jh. v. u. Z.	Marcus Tillus Cicero (106-43 v. Z.); Cornelius Nepos (um 99 bis um 24 v. Z.);
vor 79 u. Z.	Heinrich Schliemann (1822-1890) weist linsenförmige geschliffene nach.

um 140 u. Z.   Claudius Ptolemäus (Claudius Ptolomaeus - um 100 bis um 175) untersucht
das Phänomen der Lichtbrechung, findet aber nicht das Brechungsgesetz.

1. Jh. u. Z.   Gains Plinius d. Ä. (23-79) berichtete über Brenngläser.

2. Jh. u. Z.   Suetonius (um 70-140) berichten vom Vorlesen der Sklaven für die Alten.

Die frühe Geschichte des Mikroskops bis 16. Jahrhundert.

um 1000   Araber waren die ersten, die Wirkung von Linsen untersuchten und
beschrieben. Alhazen (eigentlich Ibn Al Haitam, 965-1038) erwähnte im
"Thesaurus Opticus" (Schatz der Optik) so genannten Lesestein. Das Buch
wurde bis 1572 gedruckt.

1267   Roger Bacon (1214-1292 o. 1294) beschriebt in seinem Werk „Opus Majus"
erstmals Sehhilfe, gedruckt wurde es 1273.

um 1300   In Italien wurden die ersten Augengläser (Brillen mit Sammellinsen) gefertigt.

1305   Italienischer Priester datiert die erste Brillenfertigung auf das Jahr 1285.

14./17. Jh.   In der Renaissance entwickelte Franciscus Maurohlykus (1494-1575) nach
neuere Vorstellungen zum Sehen über Alhazen hinaus.

16. u. 17. Jh.   Mikroskope entwickeln sich aus Roh-Lupen. Das erste dargestellte stammt von
seinen Entwicklern Zacharias und Hans Janssen. Weitere Pioniere dieser Zeit
waren Antoni van Leeuwenhoek, Robert Hooke, Giuseppe Campani, Marcello
Malpighi.

um 1520   Erstmals wurden Brillen mit Konkavlinsen für Kurzsichtige verwendet.

1538   Girolamo Fracastoro (1478-1533) vertrat in seinem Buch "Omocentrici"
die Ansicht, daß man Gegenstände größer und näher erkennen kann, wenn sie
durch zwei miteinander verbundene Gläser betrachtet werden.

Girolamo Fracastore (Fracastoro, 1478-1553) experimentierte mit Hohlgläsern
(aufeinander gelegten Linsen), erzielt mit Linsenkombinationen (Brillen) bis zu
zweifacher Vergrößerung.

1558   Cavaliere Giambattista della Porta (1535 oder 1538, 1540-1615) beschreibt in
seiner „Magna naturalis" u. a. Versuche mit Linsen; die zur Entwicklung des
Fernrohrs und der Camera Obscura führten; mittels Kombination Sammellinse
mit Lochblende gelingen erstmals Abbildungen transparenter Gegenstände, wie
Zeichnungen, schafft Voraussetzung der Laterna magica, Sonnenmikroskope.

um 1590   Hans Martens (gest. 11.12.1592, identisch mit Hans Janssen, der oft als Vater
von Zacharias J. bezeichnet wird) und Zacharias Janssen (um 1588 bis ca.

1632), zwei holländische Brillenmacher aus Middelbourg, erfanden angeblich das zusammengesetzte Mikroskop und das Teleskop. Dies behaupteten 1655 Pierre Borel (1620-1671, nach anderen Angaben 1628-1689) und Willem Boreel (1591-1668), was die meisten Historiker heute allerdings bezweifeln. Nachforschungen in diese Richtung lassen es eher unwahrscheinlich erscheinen, daß die Janssens das Mikroskop oder gar das Teleskop erfanden. Für das Mikroskop läßt sich der Erfinder nicht mehr bestimmen, für das Teleskop gilt Hans Lippershey (Johann Lippershey o. Lipperhey) (1570-1619) als Pionier.

1595 (1611)   Hans Janssen, ein Brillenschleifer aus Middelburg, Holland, konstruierte und baute wahrscheinlich das erste Mikroskop. Sein Sohn Zacharias Janssen und der Techniker Hans Lipperkey setzten den Bau solcher Instrumente fort. Das dem Erzherzog Albert von Österreich (1817-1895) - (Sohn von Erzherzog Karl von Österreich-Teschen, 1771-1847) geschenkte Exemplar untersuchte und beschrieb der holländische Erfinder und Diplomat Cornelius Drebbel. Danach bestand es aus drei gegeneinander verschiebbaren Röhren mit einer Gesamtauszugslänge von fast 45 cm, welches je nach Auszugslänge drei- bis neunfach vergrößerte.

Das 17. Jahrhundert.

um 1600   Thomas Muffet (Moufet, Moffet 1553-1600) arbeitet mit zehn- bis zwanzigfacher Vergrößerung; (1634) Quelle: Insectorum sive minimorum animalium theatrum.

1608   Johannes Lipperhey auch Hans Lapperhey, Lippershey, Lapprey (1579-1619), präsentierte das zusammengesetzte Teleskop aus Konkav- und Konvexlinse und meldete es zum Patent an; später bekannt als holländische oder Galileisches Fernrohr.

1609   Galileo Galilei (1564-1642) entwickelte ein zusammengesetztes Mikroskop, welches aus einer konvexen und einer konkaven Linse bestand. Dieses, von ihm "Occhiolino" genannte Gerät, schenkte er 1612 dem polnischen König Sigismund III.

1610   Galileo Galilei benutzte sein Fernrohr als Mikroskop, indem er die Rohre länger auseinanderzog. Er verwendete als Okular eine Zerstreuungslinse, als Objektiv eine Sammellinse.

1611   Johannes Keppler (1571-1630) konstruierte das astronomische Fernrohr, das zwei Sammellinsen enthält.

1618   Willibrord Snell van Royen (auch Snellius genannt, 1581-1626) findet und beschrieb das Brechungsgesetz.

1619	Cornelius Drebbel (1572-1633) stellte ein zusammengesetztes Mikroskop mit zwei konvexen Linsen vor. Erfinderehre soll Johannes Kepler (1610) gebühren.
um 1622	Drebbel präsentierte seine Erfindung in Rom, manche Historiker sehen ihn als Inventor des Mikroskopes.
1624/1625	Galileo Galilei (1564-1642) baute ebenfalls ein zusammengesetztes Mikroskop im Stile Drebbels, rühmte sich aber nicht dessen Erfindung, sondern verwies auf einem gewissen Jacob Meticus (Metzius, Metius zitiert). Eines erhielt der Fürst Federico Cesi (1585-1630), der 1603 die Academia Lincei gegründete. Da erhielt das Fernrohr den Namen Telescopium und benannte wahrscheinlich auch Galilei´s Instrument Microscopium.
1625	Francesco Stelluti (1577-1651), Mitglied der Academia da Lincei, fertigte erste mikroskopische Zeichnungen an und veröffentlichte diese gedruckt mit dem ausdrücklichen Vermerk "microscopio observabat".
	Johannes Faber von Bamberg (1574-1629) führte den Begriff "Mikroskop" (aus dem griechischen, mikros = klein und skopein = sehen) in Analogie zu dem Begriff "Teleskop" ein (aus dem griechischen, tele = entfernt).
	Francisco Stelluti (1577-1633) und Prinz Federico Cesi (1585-1630) veröffentlichten in ihrem Buch „Apiarum" erste mikroskopische Abbildungen; erstmals erscheint gedruckt das Wort Mikroskop zwar (auf dem Titelblatt).
1631	Isaac Beeckmann skizzierte Drebbelsche Mikroskop, ist älteste Darstellung.
1637	René Descartes (Renatus Cartesius, 1596-1650) machte in seiner „Dioptrique" Snellius´ Brechungsgesetz bekannt, veröffentlichte Baupläne eines einfachen Mikroskops, das aus einer Linse (Lupe), raffinierten Spiegelanordnung, komplizierten Beleuchtungsapparat bestand, welches eine Auflichtbetrachtung ermöglichte. Cartenius Spiegelanordnung geriet in Vergessenheit; sie wurde 101 Jahre später 1738 vom Arzt und Mikroskopiker Johann Nathanael Lieberkühn (1711-1756) erneut eingeführt und trägt seitdem seinen Namen.
1645	Antonius Maria Schryl De Rheita (1597-1660) prägte die Begriffe "Objektiv" und "Okular" und publizierte in "Oculus Enoch et Aliae sive Radius Siderio Mysticus" die erste Beschreibung eines binokularen Mikroskops
um 1645	Athanasius Kircher (1602-1680) gilt als frühester barocker Mikroskopiker; in seiner "Ars magna lucis et umbrae" (1646) wird ein Holzschnitt seines "smicrocopium" dargestellt. Kircher war der einzige, der diesen Begriff benutzte. Das s steht vielleicht für sub oder simple... Dieses Instrument wurde auch "Vitra muscaria" oder Flohglas genannt. Es handelte sich um ein ca. fünf Zentimeter langes Röhrchen, in dessen Boden eine winzige Glaskugel als Linse eingefügt war. Das Objekt wurde nun auf dieser Linse befestigt und im Durchlicht betrachtet.

Eustachio Divini (1610-1685) erfindet Schiebetubus-Mikroskop, seine Geräte ermöglichen eine Variation der Vergrößerung - ein Prinzip, das bis in das 20. Jahrhundert beibehalten wurde.

Mitte 17. Jh.   Early Sliding Rod Mikroskop und Early Spring Mikroskop in Anwendung.

um 1650   Das Mikroskop wird zum Hilfsmittel der naturwissenschaftlichen Forschung. Forscher wie Swammerdam (1637-1680), Leeuwenhoek (1632-1723), Holland, Hook (1635-1703), England, Malpighi (1628-1694), setzen es ein.

1654   Johann Wiesel (1583-1662) führte die bereits im Fernrohr verwendete Feldlinse in das Mikroskop ein. Fälschlicherweise wird diese Erfindung oft Balthazar de Monconys (1611-1665) zugerechnet.

1656   Thomas Wharton (1616-1673) beschrieb mikroskopische Struktur der Lymphknoten.

1664   Henry Power (1623-1668) montierte Mikroskop auf eine Glasplatte über einer Lampe, erster Versuch mit zusammengesetzten Mikroskop im Durchlicht zu beobachten.

1665   Robert Hooke (1635-1703) veröffentlichte sein Werk "Micrographia" mit zahlreichen mikroskopischen Abbildungen. Seine Auflichtbeleuchtung war die Optimierung der Beleuchtung mit Hilfe einer wassergefüllten Kugel (Schusterkugel), die vor einer Öllampe angebracht wurde. Christopher Cook schuf möglicherweise das berühmte Mikroskop aus der Micrographia. Auf Hooke geht außerdem der Begriff "Zelle" zurück, die er bei ca. 60facher Vergrößerung als Struktur im Kork sah und beschrieb. Er entwarf neben seinem Mikroskop auch Schleifapparaturen für Linsen.

Hooke's Mikroskop hatte einen großen Nachteil: die Abbildung durch Linsen wird z.B. durch die sphärische und die chromatische Aberration beeinträchtigt, und durch Hookes Kombination von Linsen potenziert sich dieser Fehler. Die sphärische Aberration führt zu Unschärfe; sie kann durch den Einsatz von Blenden reduziert werden. Die chromatische Aberration bewirkt Farbsäume am Objektrand, welche aber erst sehr spät durch Linsenkombinationen beseitigt werden konnte, z. B. durch Dollond 1758 im Teleskop, Benjamin Martin 1774 und Lister 1830 im Mikroskop.) Aus diesem Grund waren bis zum 19. Jh. so genannte einfache Mikroskope sehr beliebt. Es sind Instrumente, deren Beobachtungsoptik aus einer einzigen Linse besteht, deren Durchmesser kleiner als der der Augenpupille ist. Kleine Linsendurchmesser erlauben extreme Krümmungen und dadurch kurze Brennweiten. Nach der Lupenformel $v = 250/f$ wird bei kurzer Brennweite eine hohe Lupenvergrößerung (v) erzielt. Leeuwenhoek erlangte mit seinen primitiven Mikroskopen bereits 270fache Vergrößerungen, d.h. der Abstand vom Auge lag bei unbequemen neun Millimetern.

um 1665   Antoni van Leeuwenhoek (1632-1723), Kaufmann, Tuchhändler, Feldmesser, Eichmeister, konstruierte über 200 (500) Mikroskoptypen mit Vergrößerungen zwischen 40- und 270fach. Er war als einziger in dieser Zeit in der Lage, Linsen so exakt anzufertigen, dass eine rd. 270 fache Vergrößerung erreicht werden konnte. Allerdings vergrößerten die meisten seiner Modelle unter 100fach. Er gilt mit mehr als 500 einfachen, sinnreichen Konstruktion als Meister der Mikroskope. Die Linsen seiner Mikroskope schliff Leeuwenhoek selbst; seine Instrumente zeigten Vergrößerungen bis zum 100fachen, bei einer Brennweite von weniger als 1 mm hatten sie eine Vergrößerungsleistung vom 266fachen, bei einem Auflösungsvermögen bei 1,35 µm (1/700 mm).Vermutet wird, dass seine Linsen nicht geschliffen, sondern geschmolzen wurden.

1666	Isaac Newton (1643-1727) erklärte die Achromatisierung für unmöglich. Er begründete dies mit der falschen Annahme, Dispersion und Brechungsindex stünden in direktem Zusammenhang.
1659-69	Marcello Malpighi (1628-1694) wurde durch die systematischen mikroskopischen Untersuchungen über die Leber, die Milz, die Lunge, die Großhirnrinde, die Niere, die Lymphknoten und anderer Organe berühmt. 1669 erschien seine berühmte Monographie über den Seidenspinner.
1668	Eustachio Divini (1610-1685) baute ein zweilinsiges Okular mit zwei Plankonvexlinsen.
1669	Isaac Newton (1643-1727) begründete die Emanationstheorie des Lichtes (Teilchenlehre).
Mitte 1670er	Jan Swammerdam (1637-1680) Simple Mikroskop entsteht mit ca. 150facher Vergrößerung.
1670	Christiaan Huygens (1629-1695) erarbeitete die Wellenlehre (Undulationstheorie) des Lichtes auf, schaffte zweilinsiges Huygens-Okular mit der Feldlinse (oder Kollektivlinse) in der Nähe des Zwischenbildes und einer Augenlinse. Im Unterschied zu dem zweilinsigen Okular von Eustachio Divini (1610-1685) befand sich eine Feldblende an der Stelle, an der das von der Feldlinse abgebildete Zwischenbild entsteht. Mit Hilfe dieses Okulars, konnte die chromatische Abberation bereits damals reduziert werden. In Bezug auf diesen Abbildungsfehler optimierte William Hyde Wollaston (1766 - 1828) das Huygens-Okular Mitte des 19. Jahrhunderts.
1671	Athanasius Kirchner (1601-1680) bildet ab und beschreibt Laterna magica in seiner zweiten Ausgabe der „Ars magna lucis et umbrae" .
1672	Christiaan Huygens (1629-1695) stellte die Undulationstheorie des Lichtes auf (Wellenlehre).
	Isaac Newton (1643-1727) schlug vor, Mikroskope mit Spiegeln, um die chromatische Aberration zu beheben.

Johann Christoph Sturm (1635-1703) entwickelte zweilinsige Mikroskopobjektive.

1673   Johannes Hevelius (1611-1687) konstruierte einen Feintrieb mit einer langen Gewindestange (Fokosierungsmechanismus), der z. T. bis in das 19. Jh. Verwendung fand, verbessert hat ihn John Marshall (1663-1725).
Antoni van Leeuwenhoek (1632-1723) berichtete der Royal Society in London über seine weit gefächerten mikroskopischen Beobachtungen.

1677/78   Chérubin von Orléans (bürgerlicher Name Michel Lasséré, 1613-1697) konstruierte binokulares Mikroskop womit kleinste Objekte mit beiden Augen gleichzeitig erfasst werden. Vermutlich entstanden durch Inspiration von Antonius Maria de Rheita (1597-1660), der bereits 1645 eine solche Beschreibung des binokularen Mikroskops veröffentlichte.

um 1678   Samuel Joosten van Musschenbroek (1639-1682) versah seine Mikroskope mit Blendenapparat zur Beleuchtungsregulierung für die Durchlichtbeobachtung.

um 1680   Guiseppe Campani (1635-1715) erfindet Gewindetubus-Mikroskop; für dies führte 1685 Carlo Antonio Tortona (1640 - 1700) Durchlichtbeleuchtung ein.

1685   Carlo Antonio Tortona (1640-1700) führte für das zusammengesetzte Mikroskop von Guiseppe Campani (1635-1715) die Durchlichtbeobachtung ein. Bei einfachen Mikroskopen war diese Beobachtung schon länger üblich.

1687   Johann Franz Griendel von Ach (1631-1687) beschrieb ein Mikroskop, das aus 6 (!) plankonvexen Linsen besteht: zwei im Objektiv, zwei im Okular und zwei Feldlinsen. Dieses Mikroskop fand aufgrund der Schwierigkeiten beim Zentrieren der Linsen und in der Fertigung hochwertiger Plankonvexlinsen damals wenig Anklang.

um 1690   Johan Joosten van Musschenbroek, Bruder von Samuel Joosten van Musschenbroek, verwendete als Objekthalter kleine Messingstangen, die über Kugelgelenke (die so genannten Musschenbroekschen Nüsse) verbunden und auf diese Weise beweglich waren, mit Vorteilen bei der Fokussierung.

1691   Philippo Bonanni (Filippo Buonanni, 1638-1725) beschrieb in „Micrographia Curiosa" ersten Objektträger; und entwickelte erstes horizontale Mikroskop mit Federhalterung, das einer optischen Bank glich. Diese Konstruktion hieß auch "Bonanni spring stage". Auf ihr war ein Beleuchtungsapparat mit einem Mikroskop zur Durchlichtuntersuchung kombiniert; erstmals wurde Licht auf das Objekt fokussiert, was eine deutliche Verbesserung der Auflösung brachte.

1694   Nicolaas Hartsoeker (1654-1725) baute das screw-barrel microscope. James Wilson (1665-1730) verhalf diesem Mikroskoptyp zum Durchbruch.

Das 18. Jahrhundert.

18. Jh.	einfache Zirkelmikroskope nach Wilson (1702) spielen eine wichtige Rolle.

um 1700 Cosmus Conrad Cuno (1652-1745) entwickelte das erste Zirkelmikroskop ("compass microscope"), das in unzähligen Varianten kopiert und bis weit in das 18. Jahrhundert hinein hergestellt wurde. Publik wurde diese Erfindung 1702 durch das Werk "Oculus artificialis teledioptricus" von Johannes Zahn (1641-1707).

1700/1704 John Marshall (1663-1725) baute Objekttisch mit Auflichtbeleuchtung, ein so genannter Auflichtkondensor ("bull's-eye condenser"). Seine Mikroskope besaßen ein Kugelgelenk, sie gestatteten auch Durchsichtbeleuchtung.

1702 Johannes (Joanne) Zahn (1641-1707) beschrieb in der "Oculus artificialis teledioptricus" auch ein Instrument mit zwei Tuben.

1711 Louis Joblot (1645-1723) belegte die Hitzesterilisation von Mikroorganismen weit über 100 Jahre vor Louis Pasteur (1822-1895).

1712 Christian Gottlieb Hertel (1683-1743) konstruierte ein Mikroskop, bei dem sich erstmals ein Beleuchtungsspiegel unterhalb des Präparates befand. Eine weitere wegweisende Neuerung seiner Geräte war die Fokussierung über den Objekttisch, der sich auch seitwärts bewegen ließ. Er war der erste, der ein Mikrometer in die Brennebene des Okulars brachte. Und Benjamin Martin (1704 -1782) erfand Weiterentwicklung des Objekttisches, den Kreuztisch.

1716 Hertel benutzte für die Durchlicht-Beleuchtung 1716 erstmals einen Spiegel. Es wurde notwendig und üblich, den Mikroskoptubus fest aufzustellen; die so genannten Trommelmikroskope und Dreibeinmikroskope entstanden.

1717 Nicolas Bion (1652-1733) beschrieb das erste Trommelmikroskop, dem Benjamin Martin (1704-1782) später (1739) zum Durchbruch verhalf.

1718 Louis Joblot (1645-1723) veröffentlichte eine ausführliche Darstellung seiner Mikroskope: "Descriptions et Usages de Plusieurs nouveaux microscopes". Besonderer Beliebtheit erfreuten sich die reich verzierten Säulen- oder Skulpturmikroskope ("petit machine nouvelle").

1719 Johann Georg Leutmann (1667-1736) beschrieb einen konkaven Beleuchtungsspiegel für undurchsichtige Objekte, der die Linse des einfachen Mikroskops konzentrisch umgab. Bekannt wurde diese Neuerung erst ca. 20 Jahre später durch Johann Nathanael Lieberkühn (1711-1756).

1725 Edmund Culpeper (1666-1738) führte Dreibeinmikroskop ein, das sich eignete für Durch- und Auflichtbeobachtungen und wurde deshalb von Culpeper als "Double Reflecting Microscope" bezeichnet.

1733	Chester Moor Hall (1704-1771) gelang es erstmals chromatische Aberration zu korrigieren. Bekannt wurde diese bahnbrechende Erfindung erst 1758 durch
	John Dollond (1706-1761) und seinen Sohn Peter (1730-1820), die diese Versuche vermutlich unabhängig von Hall durchführten.
1734	Johann Nathanael Lieberkühn entwickelte ein großes einfaches Mikroskop: das anatomische Mikroskop aber auch Sonnenmikroskope. Vor ihm baute diese Daniel Gabriel Fahrenheit (1686-1736).
1738	Johann Nathanael Lieberkühn griff Réne Descartes' (1596-1650) Idee vom Hohlspiegel auf und baute einen versilberten Hohlspiegel, der die Linsen der Zirkelmikroskope umgab, den "Lieberkühnspiegel". Bei den Handmikroskopen nach Lieberkühn waren der Beleuchtungsspiegel und eine Beleuchtungslinse in einem Tubus verborgen. Da sich diese Erfindung besonders für die Untersuchung undurchsichtiger Objekte eignete, wurde sie von Georg Adams d. Ä. (1708-1773) als "opakes Mikroskop" bezeichnet.
1739	Benjamin Martin (1704-1782) baute sein erstes Trommelmikroskop, das aufgrund der einfachen und robusten Bauweise weite Verbreitung in England fand. Auf dem Festland (Paris) griff Georg Oberhäuser (1798-1868) dieses Prinzip gegen Anfang des 19. Jahrhunderts auf.
1740	August Johann Rösel von Rosenhof (1705-1759) veröffentlichte sein Werk "Insectenbelustigung". Er benutze bereits die binäre Nomenklatur von Carl von Linné (1707-1778). Zur Untersuchung der Insekten (z.B. Totenkopf- und Oleanderschwärmer) dienten ihm selbstgebaute Sonnenmikroskope.
1742	Trommelmikroskop wird in England als Taschenmikroskop angeboten, dieses dreilinsige Instrument besitzt eine Objektlinse, Feldlinse und Augenlinse.
1743/1744	John Cuff (1708-1772) führte ein Mikroskop ein, bei dem das Präparat, im Vergleich zu dem "Double Reflecting Microscope" von Edmund Culpeper (1666-1738), besser (bzw. frei) zugänglich war. ("Bonanni spring stage" nach Philippo Bonanni, 1638-1725).
um 1745	Georg Adams baute so genannte Zirkelmikroskope, mit denen hauptsächlich im Auflicht, mit größeren, undurchsichtigen Objekten, gearbeitet wurde.
1746	Georg Adams d. Ä. (1708-1773) veröffentlichte die „Micrographia illustrata" und veröffentlicht den von ihm konstruierten ersten Objektivrevolver.
1752	John Cuff (1708-1772) baute für John Ellis (1710-1776) ein Wassermikroskop (aquatic microscope), das unter dem Namen Ellisches Wassermikroskop bekannt wurde. Es gilt auch als Vorläufer des Präparationsmikroskops.
1757	Pieter Lyonnet (1707-1789) stellte spezielles Präparationsmikroskop her.

1758   John Dollond (1706-1761) und seinem Sohn Peter (1730-1820) gelang es auf Anregung von Samuel Klingenstierna (1698-1765), vermutlich unabhängig von Chester Moor Hall (1704 -1771), durch die Verkittung einer konvexen Kronglas- (Alkali-Kalk-Glas, Brechungsindex " 1,5 und Dispersion > 50) und einer konkaven Flintglaslinse (Bleiglas, Brechungsindex " 1,6 und Dispersion < 50) die chromatische Aberration zu korrigieren und damit Isaac Newton zu widerlegen.

1759   Benjamin Martin (1704-1782) beschrieb in seinem Werk "New Elements of Optics" eine Möglichkeit, die chromatische Aberration zu reduzieren: Er schlug vor, die Lichtbeugung auf mehrere schwach gekrümmte Oberflächen "zu verteilen". Seine Geräte enthielten fortan mindestens fünf statt der oft noch üblichen drei Linsen: zwei Okularlinse nach Christian Huygens bzw. Eustachio Divini, eine Zwischenlinse im Tubus und zwei Objektivlinsen.

um 1760   Wilhelm Friedrich von Gleichen (Russworm, Rußworm genannt, 1717-1783) montierte ein Zirkelmikroskop auf einen Kasten, das ein Bild auf den Boden desselben projizierte. Dieses Bild konnte nun nachgezeichnet werden.

um 1760   Louis Francois Dellebarre (1726-1805) beschrieb, daß er die chromatische Abberation durch die Kombination von 4 bis 6 bikonvexen Kron- /Flintglaslinsen im Okular und Tubus aufheben könne. Er beruft sich dabei auf die mathematischen Theorien von Leonhard Euler (1707-1783). Heute wissen wir, daß dies ihm nicht gelang, da er das Objektiv nicht mit einbezog.

1767   Georg Friedrich Brander (1713-1783) schuf aus dem Projektionsmikroskop (Sonnenmikroskop) ersten Zeichenapparat: Das Bild wurde auf einer Mattglasscheibe mit Papieraufzug abgebildet.

1768   Duc de Chaulnes (1714-1769, vollständiger Name: Michael Ferdinand d'Albert d'Ailly Duc de Chaulnes) beschrieb das erste eigens für Messzwecke konzipierte Mikroskop.

um 1770   Jan van Deyl (auch Deijl , 1715-1801) und sein Sohn Harmanus (1738-1809) bauten das erste achromatische Mikroskopobjektiv. Die Beschreibung dieser Geräte erschien erst 1807. Weitere Pioniere bei der Herstellung achromatischer Mikroskopobjektive waren Nicolaus Fuess (Nicolaus Fuß, 1755-1826) und Francois G. Beeldsnyder (Francois G. Beeldsnijder, 1755-1808), 1784; 1791.

um 1770   Georg Adams d. Ä. (1708-1773) fertigte großes Prunkmikroskop (H: 74 cm), auch Alexie Magny (1712-1777) stellte solche her, die dem Messmikroskop von Michael Ferdinand d'Albert d'Ailly Duc de Chaulnes (1714-1769) ähneln.

1771   Georg Adams d. Ä. (1708-1773) beschrieb in einer späteren Auflage der "Micrographia illustrata" erstes verschraubte Objektiv.

1774   Benjamin Martin (1704-1782) baute ein Sonnenmikroskop für undurchsichtige Objekte ("opake solar microscope").

1776	Jeremiah Sission (1720-1783) konstruierte nach Plänen von Stephen Charles Triboudet Demainbray, Esq. of Richmond (1710-1782) ersten Schieberevolver für Objektive, mit drehbarer Scheibe.
1783	Franz Ulrich Theodor Aepinns (1724-1802) konstruiert ein achromatisches Teleskop-Mikroskop.
1785	John Bleuler (ca. 1757-1829) führte Gelenkarm für Kondensorhalterung ein.
1787	Georg Adams d. J. (1750-1795) stellte im Werk "Essays on the Microscope" Projektionsmikroskop mit künstlicher Beleuchtung (Lampenmikroskop) vor.
1791	François Beeldsnyder berechnet und fertigt das erste praktisch brauchbare achromatische Mikroskopobjektiv.

Das 19. Jahrhundert.

1810	Joseph Jackson Lister (1786-1869) wies erstmals auf den Zusammenhang zwischen Öffnungswinkel des Objektivs und Auflösung hin.
1811	Joseph von Fraunhofer (1770-1841) fertigte sein erstes Trommelmikroskop.
1812	William Hyde Wollaston (1766-1828) verbesserte die Optik der einfachen Mikroskope, die so genannten "Wollastonschen Doubletts", die aus zwei plankonvexen Linsen mit einer Blende in der Mitte bestanden, umgesetzt wurden sie von Peter Dollond. Wollaston schuf auch die Camera lucida.
1813	Giovanni Battista Amici (1786-1863) baute ein horizontales Mikroskop mit einem neuartigen Reflexionstubus. Dieser "katadioptrische Tubus", dessen Herzstück keine Linse, sondern ein Hohlspiegel ist, ermöglichte eine Abbildung ohne chromatische Abberation. Dieser eigenwillige Weg in der Lichtmikroskopie wurde nur von wenigen beschritten: Sieds Johannesz Rienks (Syds, 1770-1845) 1822, John Cuthbert 1826 und Jaques Louis Vincent & Charles Louis Chevalier 1828. Im 18. Jahrhundert haben R. Barker (1736) und B. Martin (1759) bereits erste katadioptrische Mikroskope hergestellt.
1813	Sir David Brewster (1781-1868), der Erfinder des Kaleidoskops, schlug vor, die Ölimmersion zur Erzielung der Achromasie auszunutzen. Eine weitere Idee von ihm war die Herstellung von Objektivlinsen aus Diamanten, die 1824 von Andrew Pritchard (1804-1882) umgesetzt wurde.
1814	Giovanni Battista Amici (1786-1863) stellte die Camera lucida, eine bis heute verwendete Zeicheneinrichtung, vor.
1816	Joseph von Fraunhofer (1770-1841) fertigte erste für das Mikroskop verwendbaren achromatischen Linsen.

1819	Ch. Mayer prägte den Begriff Histologie (Gewebelehre).

1823   Selligue (1784-1845) kombinierte bis zu vier achromatische Kittglieder (plankonkav plus bikonvex) zu einem Objektiv. Er arbeitete mit Jaques Louis Vincent Chevalier (1770-1841) und Charles Louis Chevalier (1804-1859) zusammen. Außerdem verwendete er zum ersten Mal in der Geschichte der Mikroskope einen Lochblendenrevolver bei zusammengesetzten Mikroskopen. Gegen 1678 hatte Samuel Joosten van Musschenbroek dies bereits bei einfachen Mikroskopen durchgeführt.

1824   Andrew Pritchard (1804-1882) stellte die ersten Objektive aus Diamanten her. Die Schwierigkeiten, die beim Schleifen und Polieren auftraten, sowie die hohen Kosten waren der Grund, die Herstellung wieder einzustellen.

1825   Jaques Louis Vincent Chevalier (1770-1841) stellte ein Mikroskop mit der Signatur "Achromatique Perfectionné" vor, das im wesentliche auf Selligue zurückgeht (Lochblendenrevolver und kombinierte achromatischer Kittglieder).

ca. 1825   Giovanni Battista Amici (1786-1863) entwickelte ebenfalls achromatische Systeme, unter Zuhilfenahme von Spiegeln und 1833 auch Augustus John Cuthbart (Cutbert).

1829   William Nicol (1768-1851) erfand ein Prisma zur Polarisation, das über 100 Jahre unverzichtbarer Bestandteil des Polarisationsmikroskops war. Später wurden die Nicol-Prismen durch kostengünstigere Polfilter ersetzt.

1829   Henry Coddington (1798, 1799-1845) schaffte eine kostengünstige Alternative zu den oft in einfachen Mikroskopen verwendeten Wollastonschen Doubletten. Sie bestand aus einer kleinen Glaskugel, in die entlang des Äquators eine Rinne eingeschliffen wurde, die als Blende diente.

1829   Giovanni Battista Amici (1786-1863) entdeckte die Bedeutung des Deckglases bei der Bildentstehung.

ab 1830   Zusammengesetzte Mikroskope mit achromatischen Satzobjektiven übertreffen in ihrer Leistung eindeutig das Einfache; sie lösen diese damit ab.

     Joseph Jackson Lister (1786-1869) beschrieb einen Weg, die sphärische Abberation durch die Kombination zweier achromatischer Kittglieder zu beheben. Im Folgenden wurde durch "Pröbeln", also durch Versuch und Irrtum mit verschiedenen Linsenkombinationen, dieser Bildfehler minimiert.

1836   Joseph Bankroft Reade (1801-1870) stellte mit Hilfe eines Projektionsmikroskops (Sonnenmikroskop) die erste Mikrophotographie her.

1837   Joseph Bankroft Reade (1801-1870) entdeckte die Dunkelfeldbeobachtung im Durchlicht.

Andrew Ross (1798-1859) führte den flachen Y-Fuß bei seinen Mikroskopen ein, um den Mikroskopen mehr Stabilität zu verleihen ("Ross-Fuß"). Dieses Design wurde von nahezu allen englischen Mikroskopbauern über viele Jahrzehnte kopiert.

1838   Félix Dujardin (1801-1860) entwickelte den ersten achromatischen Kondensor.

1839   In London gründete sich die "Microscopical Society of London", die sich ab 1866 "Royal Microscopical Society" nannte.

Andrew Ross (1798-1859) erwähnte Objektiv mit Deckglasdickenkorrektur, welches er nach Plänen von Joseph Jackson Lister baute. Viele Objektive wiesen seitdem eine Korrekturfassung mit Zahlen, wie es heute noch üblich ist, oder den Vermerk "covered" oder "uncovered" auf. Das von Lister entwickelte und 1855 von Francis H. Wenham (1824-1908) optimierte Verfahren für die Deckglasdickenkorrektur wird bis heute an Trockenobjektiven bis zu einer N. A. von 0,8 umgesetzt.

Ross stellte einen modifizierten Grobfokus mit Zahnrad und Zahnstange vor, welcher den Tubus im Verhältnis zur Probe bewegt. Dieser Mechanismus geht auf Lister zurück: "The Jackson Lister Limb".

Charles Louis Chevalier beschrieb das Verkitten der Linsen im Mikroskopobjektiv mit Kanadabalsam. Auf diese Weise läßt sich der Luftspalt beseitigen, der zu Reflexionsverlusten an der Oberfläche des Glases führt.

1840   Charles Louis Chevalier stellte erste "Daguerreotypischen Versuchsreihen" zeitgleich mit Albert Donné vor und legte somit den Grundstein der Mikrophotographie, außerdem stellt er ein horizontales Mikroskop vor, das auch die Beobachtung der Proben von unten erlaubt. Es war das erste inverse Mikroskop, was außerdem noch über eine Beheizung der Probe verfügte.

1843   Hugh Powell (1799-1884) beschrieb in Konkurrenz zu Andrew Ross (1798-1859) eine Alternative zum "Jackson Lister Limb" (1839): den "Bar Limb". Hierbei wird über eine Zahnstange und ein Zahnrad nicht nur der Tubus, sondern der komplette Tubusträger bewegt.

1845   Sir John Frederick William Herschel (1792-1871) entdeckte das Phänomen der Fluoreszenz in der Chininlösung.

1845   Friedrich Albert Nobert (1806-1881) fertigte mit seiner "Kreisteilmaschine" die ersten Testgitter für das Mikroskop. Mit diesem Gerät konnte er bereits damals Linien mit einem Abstand von bis zu 110 nm erzeugen.

Albert Donné und Léon Foucault gaben den ersten mikroskopischen Atlas mit daguerreotypischen Abbildungen heraus.

1846	Carl Zeiss (1816-1888) eröffnete seine Werkstatt in Jena. Ein wesentlicher Verdienst von Zeiss und seinen Mitstreitern Ernst Abbe (1840-1905) und Otto Schott (1851-1935) ist die konsequente Umsetzung einer berechneten Optik, wie sie zuvor nur vereinzelt durchgeführt wurde. Von den meisten Herstellern wurden bislang die Objektive sehr mühsam durch "Pröbeln", experimentell entwickelt, bis der gewünschte Effekt erzielt war.
1847	Giovanni Battista Amici (1786-1863) entdeckte die Wasserimmersion, unter Verwendung von Anisöl als Immersionsmittel (immergere, lat. = eintauchen).
1848	Georg Oberhäuser (Georges Oberhaeuser, 1798-1868) führte Hufeisenstativ ein. Er standardisiert die Tubuslänge auf 160 mm, wie sie noch heute in mit endlicher Optik ausgestatteten Mikroskopen üblich ist. Dieser verkürzte Tubus erwies sich in der Handhabung als deutlich praktischer als das englische Tubusmaß (12 inch, 32 cm).
1849	Carl Kellner (1826-1855) stellte sein "orthoskopisches Okular" vor. Moritz Carl Hensoldt (1821-1903) und Carl Kellner (1826 -1855) gründeten das Optische Institut in Wetzlar.
1851	Camille Sébastien Nachet (1799-1881) stellte auf der Londoner Weltausstellung sein inverse Mikroskop vor. Es war das erste chemische Mikroskop, gebaut nach den Plänen von John Lawrence Smith (1818 -1883). Nachet erfand Mikroskop mit fünf Beobachtungstuben.
1851	J. H. Riddell konstruierte erstes Binokularmikroskop mit einem Objektiv.
1852	Sir George Gabriel Stokes (1819-1903) beschrieb als erster Forscher das Phänomen der Fluoreszenz korrekt: Die Emission eines Fluorochroms erfolgt auf einem niedrigeren Energielevel - also mit längerer Wellenlänge - als die Anregung. Dieser Effekt ist heute als Stoke's Shift bekannt. Der Begriff "Fluoreszenz" geht ebenfalls auf Stokes zurück. Andere Wissenschaftler hatten den Effekt der Fluoreszenz beobachtet (bzw. Luminiszenz und Phosphoreszenz), jedoch nicht so umfassend erklären können wie Stokes.
1853	Jean-Alfred Nachet (1806-1908), Sohn von Camille Sébastien Nachet, meldete sein binokulares Mikroskop zum Patent an.
1854/55	Francis H. Wenham (1824-1908, Mitarbeiter von Andrew Ross) 1798-1859) stellte ein Prisma für binokulare Mikroskope vor. Bei diesem Modell wurde ein symmetrisches Prisma verwendet, das 1861 durch ein asymmetrisches ersetzt wurde, was sich im Design durch schräg abgewinkelten Tubus widerspiegelt.
1855	Josef von Gerlach (1820-1896) entdeckte die histologische Färbung.
1857	Die Microscopical Society London (ab 1866 Royal Microscopical Society) schlug den bis heute üblichen Gewindedurchmesser der Objektive vor (RMS-Standard-Thread).

1858	Der Weg zum Elektronenmikroskop nimmt in diesem Jahr seinen Anfang: Julius Plücker (1801-1868) beobachtet die Ablenkung von Katodenstrahlen (Elektronenstrahlen) durch ein Magnetfeld.
1859	Andrew Ross stellte ein Objektiv mit einer numerischen Apertur von 0,996 her (Brennweite: 1/12 Zoll) und stieß damit an die Grenze dessen, was ohne Immersion möglich ist.
1865	Max Johann Sigismund Schultze (1825–1874) stellte beheizbaren Objekttisch vor, der z. B. von Robert Koch (1843-1910) genutzt wurde.
1869	Ernst Abbe (1840-1905) entwickelt den später nach ihm benannten Beleuchtungsapparat für das Mikroskop.
um 1880	Beginn der Innovation im Mikroskopbau, insbesondere in der Werkstatt von Carl Zeiss ab 1866 mit Ernst Abbe, dem es 1872 gelang , die grundlegende Theorie der Bildentstehung am Mikroskop zu entwickeln. Und mit seinem entwickelten Beleuchtungsapparat wurde die theoretisch mögliche Obergrenze der Auflösung des Lichtmikroskops erreicht, die bei etwas 0,25 µm liegt, also dem viertel Teil eines 1000stel mm, etwa 400 mal höher als die des Auges. Außerdem war das Bestreben darauf gerichtet, in noch kleinere Dimensionen vorzudringen, was durch neuartige Objektive und Okulare, bei deren Herstellung neue Glassorten benutzt wurden, möglich war. Wichtige Anstöße gingen dabei von Otto Schott (1851-1935) aus.
1871/72	Ernst Abbe, wichtigster Weggefährte von Carl Zeiss (1816-1888), entwickelte Theorie zur Bildentstehung im Mikroskop und stellte damit den Mikroskopbau auf eine wissenschaftliche Grundlage. Wesentliches Verdienste von Ernst Abbe war also das damals übliche und aufwendige Probierverfahren bei der Zusammensetzung der optischen Systeme, das so genannte "Pröbeln", durch eine berechnete Optik zu ersetzen, was maßgeblich zu dem Erfolg der Jenaer Werkstatt beitrug. Unabhängig von ihm kommt Hermann von Helmholtz (1821-1894) zum selben Ergebnis.
1876	Abbe baut ein Mikroskop mit homogener Immersion.
1878	E. Abbe führte sein "Homogenes Immersionsobjektiv" vor, welches eingedicktes Zedernöl mit einem Brechungsindex von 1,515 als Immersion benötigte, und legte somit die Grundlage für die heute in fast allen Laboren angewendete Ölimmersion. Des Weiteren prägte er den Begriff der "numerischen Appertur", konstruierte ein "Mikroskopspektroskop" und optimierte u. a. den Beleuchtungsapparat (Kondensor).
1886	Abbe stellte seine Apochromaten vor, die chromatische Aberration besser als alle bisherigen Objektive korrigierten.
1889	Die Firma Zeiss führte unter der Leitung von Ernst Abbe ein nicht chromatisch korrigiertes Objektiv mit 108facher Vergrößerung und einer numerischen Apertur von 1,63 (!) ein. Als Immersionsflüssigkeit diente eine Monobrom-

Naphtalin-Immersion. Das Deckglas bestand aus Flintglas. Ähnliche Objektive finden heute bei der TIRF-Mikroskopie (Total Internal Reflection Fluorescence) Anwendung: z.B. Olympus 100x mit N.A von 1,65.

1893   August Köhler (1866-1948) entwickelte die nach ihm benannte Köhler'sche Beleuchtung mit separater Regulierung von Leuchtfeld- und Kondensorblende. August Karl Johann Valentin Köhler (1866-1948) entwickelt bei Zeiss das nach ihm benannte Beleuchtungsverfahren.

1896   Kristian Birkeland (1867-1917) bündelt Elektronen mit einer Magnetspule.

1897   Karl Ferdinand Braun (1850-1918) erfindet die Katodenstrahlröhre (Braunsche Röhre).

Das 20. Jahrhundert.

1902   Henry Siedentopf (1872-1940) und Richard Zsigmondy (1865-1929) entwickelten das "Ultramikroskop" (eine Variante des Dunkelfeldmikroskops) zur Visualisierung von Kolloidteilchen.
Es gelang unter der Verwendung von Quarzglas, Objektive zu entwickeln, die für UV-Licht durchlässig sind; damit war es möglich, kurzwelliges Licht einzusetzen, das zwar nicht sichtbar, aber fotografisch erfassbar ist, und das Auflösungsvermögen des Mikroskops ließ sich um den Faktor 2 steigern.

1904   A. Köhler und Moritz von Rohr (1868-1940) schaffen Ultraviolettmikroskop, das sich durch hohe Transmission im UV-Bereich des Lichtes auszeichnete. Sie setzten dies durch Quarzglas-, Flußspat- und Lithiumfluorid-Linsen sowie einer Cadmiumlampe als Lichtquelle um.

1905   Robert Rankin verwendet eine kurze Spule zur Fokessierung der Elektronenstrahlen in der Braunschen Röhre.

Albert Einstein (1879-1955) begründet Teilchenhypothese des Lichtes und zeigt, daß Licht sowohl Teilchen als auch Welle sein kann und erklärt damit den lichtelektrischen Effekt.

1909/1912   Felix Jentzsch (1882-1946) entwickelte neuartigen Binokulartubus, welcher 1913 von der Firma Ernst Leitz (1843-1920) eingeführt wurde. Er ermöglicht eine Aufteilung des Lichtes für beide Augen aus einem Objektiv ohne die numerische Apertur zu reduzieren.

1911   Max Haitinger (1868-1946) prägte den Begriff "Fluorochrom".

1911   Carl Friedrich Wilhelm Reichert (1851-1922) entwickelte die "Lumineszenzmikroskopie".

1924   Lacassagne und Mitarbeiter entwickelten Autoradiographieemulsion Methode, um radioaktives Polonium in biologischen Proben zu lokalisieren.
Louis Victor Duc de Broglie (1892-1987) stellt die Hypothese der Materiewellen für bewegte Teilchen und somit für Elektronen auf.

1926   Hans Busch (1884-1973) entwickelt die erste auf magnetischen Kräften beruhende Linse.

Dennis Gábor (1900-1979) verwendet erstmals eine eisengekapselte Spule zur Fokussierung der Elektronen in einem Hochspannungsoszillographen.

Hans Busch (1884-1973) findet heraus, daß eine stromdurchflossene Spule auf Elektronenstrahlen in gleicher Weise wirkt wie eine Sammellinse auf Licht. Die Linsengleichung der Lichtoptik läßt sich auch auf Elektronen anwenden, womit er zum Begründer der Elektronenoptik wird.

1927   Hugo Stinzing (1888-1970) läßt sich eine Vorrichtung für den Nachweis submikroskopischer Teilchen patentieren, in der u. a. das Abrastern des Untersuchungsobjekts mit einem feinen Elektronenstrahl vorgeschlagen wird, womit er Vorarbeit für die Erfindung des Raster-Elektronenmikroskops leistet.

Clinton Joseph Davisson (1881-1958), Lester Halbert Germer (1896-1971) und George Paged Thomson (1892-1975) weisen durch Beugungsexperimente die Welleneigenschaften von Elektronenstrahlen nach.

1928   Adolf Matthias (1882-1961) gründet an der TH Berlin-Charlottenburg eine Arbeitsgruppe zur Entwicklung von Hochspannungsoszillographen, Mitglied ist auch Ernst Ruska, der das Durchstrahlungs-Elektronenmikroskop erfand.

1928/1929   Max Knoll (1897-1969) und Ernst Ruska (1906-1988) überprüfen die Linsenformel von H. Busch und verwirklichen ein einstufiges magnetisches Elektronenmikroskop.

1930   Lebedeff entwarf und baute das erste Interferenzmikroskop (Jamin-Lebedeff-Interferenzmikroskop).

1931   Ernst Ruska (1906-1988) verwirklichte die Idee der magnetischen Bündelung von Elektronenstrahlen. Er und Max Knoll bauten erstes zweistufiges magnetisches Elektronenmikroskop, ein Durchstrahlungs-Elektronenmikroskop (TEM).

E. Ruska und M. Knoll prägen den Begriff Elektronenmikroskop.
Reinhold Rüdenberg (1883-1961) schuf zeitgleich ein elektrostatisches Elektronenmikroskop.

Maria Goeppert-Mayer (1906-1972) beschrieb zuerst Zweiphotonenprozesse.
Ernst Brüche (1900-1985), Helmut Johannson (1907-1970) experimentieren erfolgreich mit einem einlinsigen elektrostatischen Emissionsmikroskop.

1932   Frederik „Frits" Zernike (1888-1966) erfand Phasen-Kontrast-Mikroskop.

Bodo von Borries (1905-1956) und E. Ruska melden die magnetische Polschuhlinse zum Patent an.

M. Knoll, Fritz Georg Houtermans (1903-1966), W. Schulze entwickeln ein zweistufiges magnetisches Emissionsmikroskop.

1933   Ruska baut zweistufiges magnetisches Durchstrahlungs-Elektronenmikroskop, mit dem 1934 die Auflösung des Lichtmikroskops übertroffen wird.
Er entdeckt, daß die Bildkontraste nicht, wie ursprünglich vermutet, durch die Absorption der Elektronen im Präparat entstehen, sondern durch Streuung zustande kommen.

1934   Ladislaus Marton (1906-1998) gelingt mit einem Elektronenmikroskop die erste Aufnahme eines biologischen Objekts.

1935   Max Knoll beschreibt einen Elektronenstrahltaster, mit dem er Oberflächen verschiedener Gegenstände mit Sekundärelektronen bei Vergrößerungen nahe 1 abbildet. Das Gerät ist der Vorläufer des Raster-Elektronenmikroskops.

Max Knoll erzielt von einem Silizium-Stahl erste REM-Aufnahme.

Alexander Jablonski (1898-1980) stellte sein Modell zur Erklärung der Fluoreszenz vor. Hiernach besitzt ein Fluorochrom unterschiedliche energetische Formen, so genannte Singulett-Zustände (S0, S1, S2...).

1935/1936   Friedrich Krause führt die Kontrastblende in das Elektronenmikroskop ein und steigert damit dessen Leistung erheblich.

1936   Hans Boersch (1909-1986) zeigt, daß Ernst Abbes Theorie der Bildentstehung im Lichtmikroskop auch für das Elektronenmikroskop gilt.

Die Firma Siemens entschließt sich, ein kommerzielles Elektronenmikroskop Zu entwickeln.

Erwin Wilhelm Müller (1911-1977) erfindet das Feldelektronenmikroskop.
Louis Claude Martin läßt erstes Elektronenmikroskop industriell fertigen.

1937   Manfred von Ardenne (1907-1997) erprobte erstmals die Technik, eine Probenoberfläche von einem Elektronenstrahl abtasten zulassen. Jeder Punkt der Oberfläche liefert dabei, abhängig von seiner Lage zum Detektor (dem "Auge" des Mikroskops) ein stärkeres oder schwächeres Elektronensignal. Ein Flächenbild entstand, indem ein Zeilengenerator den Elektronenstrahl zeilenweise über die Objektoberfläche führte und die Detektoren über der Probe angebracht waren. Damit war das Raster-Elektronenmikroskop REM geboren; von Ardenne baute erstes STEM.

B. v. Borries und E. Ruska beginnen bei Siemens mit der Entwicklung eines kommerziellen Elektronenmikroskops.

1938   Ruska entwickelte bei Siemens das erste kommerzielle Elektronenmikroskop.

Hans Boegehold (1876-1965) berechnet und konstruierte Planachromate und Planapochromate.

Bruno Gerstenberger entwickelt bei Zeiss das Stativ L.

M. v. Ardenne konstruiert ein Keilschnittmikrotom, mit dem durchstrahlbare Dünnschnitte biologischer Objekte hergestellt werden können.

B. v. Borries und E. Ruska stellen erstes Labormuster für ein kommerzielles Elektronenmikroskop fertig (mit einer Auflösung 13 nm, wenig später 7 nm).

1939   Siemens beginnt mit der Serienproduktion von Elektronenmikroskopen.

H. Boersch erfindet das Elektronenschattenmikroskop.

Hans Mahl entwickelt ein zweistufiges elektrostatisches Mikroskop und entdeckt die Abdrucktechnik für die Elektronenmikroskopie.

1940   von Ardenne stellte ein erstes Universal-Elektonenmikroskop mit einer Auflösung von 3 nm vor.

Helmut Ruska (1908-1973) fotographiert als erster Bakteriophagen mit dem Elektronenmikroskop.

L. Marton baut eine Zwischenlinse ins Mikroskop Typ A ein und kann damit die Vergrößerung in einem weiten Bereich kontinuierlich ändern.

1941   Frits Zernike (1888-1966) erfand den Phasenkontrast.

Jan Bart Le Poole führt eine Beugungslinse in das Elektronenmikroskop ein, womit Beugungsuntersuchungen im Mikrobereich möglich werden.

Alfred Recknagel (1910-1995) arbeitet die Theorie des Emissionsmikroskops aus.

1942   Team unter Leitung von Vladimir Kosma Zworykin (1889-1982) entwickelt ein Raster-Elektronenmikroskop für die Oberflächenabbildung mit Sekundärelektronen (Auflösung 50 nm).

1946   Theodor Förster (1910 -1974) beschrieb den physikalischen Prozess, bei dem Energie eines angeregten Fluoreszenzfarbstoffs (Donor-Fluorochrom) strahlungsfrei auf einen benachbarten (Abstand ca. 1,5 bis 10 nm) zweiten Fluoreszenzfarbstoff (Akzeptor-Fluorochrom) übertragen wird: FRET (Fluorescence Resonance Energy Transfer, korrekt: Förster Resonance Energy

Transfer). Eine verwandte Technik stellt der Bioluminescence Resonance Energy Transfer dar (BRET). Der Begriff Förster-Distanz zwischen Donor und Akzeptor erinnert noch heute an seine Arbeit (Energiewanderung und Fluoreszenz, Naturwissenschaften 33: 166-175). Der Dexter-Energietransfer, der auf Überlappung von Atomorbitalen zurückzuführen ist, tritt bei einem Abstand unterhalb von 1,5 nm auf und unterscheidet sich somit von dem durch Förster entdeckten Effekt.

James Hiller und Edward G. Ramberg (1907-1995) erfinden den Stigmator für das Elektronenmikroskop.

1947 J. B. Le Poole und A. C. van Dorsten bauen ein Elektronenmikroskop mit 400 kV Beschleunigungsspannung.

1949 Robert D. Heidenreich gelingt die Präparation dünner durchstrahlender Metallfolien.

1951 E. W. Müller erfindet das Feldionenmikroskop.

A. K. Parpatt zeigte, daß man den Kontrast des mikroskopischen Bildes mit Hilfe der Video-Technik steigern kann. Allen et al. griffen diese Idee auf und entwickelten gemeinsam mit der Firma Hamamatsu Photonics 1981 den Allen-Video-Enhanced-Contrast-Differential Interference Contrast.

1952 (1955) E. W. Müller erreicht mit Feldionenmikroskop die atomare Auflösung.

Georges (Jerzy) Nomarski (1919-1997), Physiker und Optiktheoretiker, Nomarski entwickelte und patentierte System der Differential-Interferenz-Kontrast für das Lichtmikroskop, die heute seinen Namen trägt. Bekannt ist sie auch unter der Zeiss-Differential-Interferenz Nomarski Ausrüstung für Durchlicht-Mikroskopie, speziell als Nomarski-Interferenz-Kontrast- (NIC) oder Differential-Interferenz-Kontrast-Mikroskopie (DIC). Neben Fritz Zernikes (1888-1966) Phasenkontrast ist diese Methode das am häufigsten angewendete mikroskopische Kontrastverfahren bei der Untersuchung lebender, biologischer Proben.

1956 James Woodham Menter (1921-2006) und R. Neider bilden mit dem Durchstrahlungs-Elektronenmikroskop erstmals Netzebenen von Kristallen ab.

1957 Marvin Minsky (* 1927) brachte das erste Patent für konfokale Mikroskopie.

1960 Gaston-Léopold Dupoy (1900-1985) baut ein Elektronenmikroskop mit einer Million Volt Beschleunigungsspannung.

Thomas E. Everhart (* 1932) und Richard F. M. Thornley berichten über einen neuen Sekundärelektronendetektor hoher Leistung, womit es möglich wird kommerzielle Raster-Elektronenmikroskope für die Oberflächenabbildung zu entwickeln.

1960/1971	Sir Charles Oatley (1904-1996), Professor of Electrical Engineering, Universität Cambridge ist Entwickler einer der ersten kommerziellen Raster-Elektronen-Mikroskope. Er entwickelte die SEM mit seinem Postgraduate-Studenten Gary Stewart 1965; sie wurde zuerst von der Cambridge Instrument Company vermarktet als der "Stereoscan". Das erste wurde DuPont geliefert.
1960/1970	Entwicklung von TEM mit hohen Beschleunigungsspannungen bis zu drei MV, um 1965 in Toulouse, 1970 in Õsaka.
1962	S. J. Strickler und R. A. Berg lieferten mit ihrem Artikel "Relationship between absorption intensity and fluorescence lifetime of molecules". Osamu Shimomura (*1928)et al. beschrieben in der Qualle Aequorea victoria das Grün Fluoreszierende Protein (GFP, Green Fluorescent Protein), das durch Anregung mit ultraviolettem und blauem Licht eine grüne Fluoreszenz zeigt.
1965	Die Firma Cambridge Scientific Instruments bringt das erste kommerzielle Raster-Elektronenmikroskop unter dem Namen Stereoscan heraus.
1966	Die Firma JEOL produziert Durchstrahlungs-Elektronenmikroskope mit einer Million Volt Beschleunigungsspannung.
um 1970	Albert Victor Crewe (*1927) führt den Feldemitter für STEM ein. Er ist der Erfinder des Raster-Transmissions-Elektronen-Mikroskop, das zuerst ruhende und bewegte Bilder von Atomen aufnehmen konnte.
1972	Douglas Magde et al. legten die Grundlage für FCS (Fluorescence Correlation Spectroscopy) - eine Technik, bei der einzelne Moleküle detektiert werden, die durch ein konfokales Volumen diffundieren. Die aufgenommenen Fluktuationen der Fluoreszenz - verursacht durch einzelne oder mehrere Moleküle - werden durch Korrelationsfunktionen analysiert.
1971	Hatsujiro Hashimoto macht Atome mit dem konventionellen Durchstrahlungs-Elektronenmikroskop sichtbar.
1973	Mu-Ming Poo und Richard A. Cone beschrieben die Grundlage für FRAP. Diese Technik gehört zu den wichtigsten Methoden bei der Untersuchung zellulärer Transportprozesse. Sie wurde kontinuierlich verfeinert und um weitere Techniken wie z.B. FLIP und FLAP erweitert (Fluorescence Loss In Photobleaching bzw. Fluorescence Localisation After Photobleaching).
1973	Dolino beschrieb die erste direkte Abbildung ferroelektrischer Domönen in TGS (Triglycerinsulfat) mittels Erzeugung der zweiten Harmonischen. Diese Arbeit wird im allgemeinen als Grundlage für die mittlerweile weit verbreitete SHG Mikroskopie angesehen. Durch eingelagerte Membranfarbstoffe wird bei streifendem Einfall eines Ti:Sa-Laserstrahls eine Frequenzverdopplung erzeugt, dessen Signalstärke vom Membranpotential abhängt.

1975	Robert Hoffmann entwickelte ein neues Kontrast-Verfahren, den Hoffmann-Modulations-Kontrast.

1980/1990   ESEM wird entwickelt, Schottky-Feldemitter in TEM werden eingesetzt, FESEM mit Schottky-Feldemitter kommen zum Einsatz.

1981   Allen und Inoué perfektioniert Video-enhanced-Kontrast Lichtmikroskopie.

Daniel Axelrod legte mit seinem Artikel "Cell-substrate contacts by total internal reflection fluorescence" die Grundlage der TIRF-Mikroskopie (Total Internal Reflection Microscopy). Bei dieser Form der Mikroskopie wird lediglich eine schmale Schicht über eine evanescente Welle angeregt, die in der Regel deutlich unter 200 nm beträgt. Das exponentiell abnehmende evanescente Feld wird über eine Totalreflexion erzeugt, wozu unterschiedliche optische Komponenten eingesetzt werden: Prismen, Durchlichtkondensoren, Objektträger und Objektive mit extrem hoher numerischer Apertur.

1982   Die Firma Carl Zeiss stellte das erste kommerzielle Laser-Scanning-Mikroskop (LSM) vor. Der Prototyp der ersten Baureihe, ein LSM 44, steht heute im Deutschen Museum in München.

M. D. Duncan, J. Reintjes, and T. J. Manuccia beschrieben die CARS-Mikroskopie (Coherent Anti Stokes Raman Scattering), die Molekülschwingungen als Kontrastmechanismus verwendet.

1988   Commercial konfokalen Scanning-Mikroskope kam weit verbreitet.

1989   Winfried Denk (* 1957), James P. Strickler und Watt W. Webb reichten ein Patent für die Zwei-Photonen-Mikroskopie ein.

1990   Stefan W. Hell entwickelte die 4Pi-konfokal Fluoreszenzmikroskopie Double-confocal scanning microscope). Diese Technik ermöglicht, die Auflösung entlang der Fokusachse um einen Faktor von bis zu 7 im Vergleich mit dem LSM zu erhöhen. Die fluoreszierende Probe befindet sich hierbei zwischen zwei Objektiven. Die Laserpulse interferieren in einem gemeinsamen Fokus mit einem verkleinerten, zentralen Maximum. Die zwangsläufig bei der Interferenz von sphärischen Wellenfronten entstehenden Nebenmaxima (sidelobes, periodic lobes) werden mathematisch entfernt.

1990/2000   Computereinsatz breitet sich aus, CCD-Kameras kommen zum Einsatz.

1993   Die Gruppe um Stefan W. Hell (* 1962) entwickelte die STED-Mikroskopie (Stimulated Emission Depletion). Hierfür wird über einen Laserstrahl ein kleinstmögliches Areal einer fluoreszierenden Probe angeregt und anschließend über einen zweiten Impuls ein Teil der Fluorochrome in den Grundzustand überführt, was zu einer Verkleinerung des Anregungsareals in XY um einen Faktor von 2,5 und in Z um einen Faktor von 5 führt. Durch die Kombination von STED mit 4Pi im Jahre 2002 wurden Auflösungen entlang der Z-Achse von 30 - 50 nm erzielt (bei einer Wellenlänge von 750 nm). Durch Verwendung von UV-Lasern könnten hier die 20 nm unterschritten werden.

1994	Douglas C. Prasher und Marty Chalfie gelang es, GFP (Green Fluorescent Protein) als Marker für andere Proteine einzusetzen. Diese Fusionsproteine werden von den zu untersuchenden Zellen selbständig hergestellt (Transfektion). Das GFP sowie zahlreiche Varianten entwickeln sich zu den bedeutendsten Fluoreszenzmarker lebender Zellen.
1997	Olympus meldete ein Objektiv mit einer bislang unerreichten numerischen Apertur von 1,65 zum Patent an. Dieses apochromatisch korrigierte Objektiv wird hauptsächlich für die Erzeugung evanescenter Wellen in biologischen Proben bei der TIRF-Mikroskopie verwendet (Total Internal Reflection Microscopy). Weitere TIRFM-Objektive mit extrem hoher N. A. dieses Herstellers folgten: 60x/1,45, 100x/1,45, 60x/1,42, 150x/1,45 und 60x/1,49.
2008	Transmissionselektronenmikroskop mit Aberrationskorrektur, TEAM genannt, ist in der Entwicklung mit einer Auflösung von 0,05 Nanometern. Ein Bau ist z. B. am Ernst-Ruska-Centrum für Mikroskopie und Spektroskopie (Forschungszentrum Jülich) angekündigt.
Ende 20. Jh.	REMs beherrschen heute die Technik; in fast allen materialkundlichen Forschungslabors und darüber hinaus in einer Vielzahl von Industriebetrieben werden sie im Zuge stetig steigender Ansprüche an die Qualitätssicherung zur Schadensanalyse und zur Oberflächenbewertung genutzt.
21. Jh.	Große Fortschritte bei der Auflösung im atomaren Bereich (mittels Raster-Kraftmikroskop und Raster-Tunnelmikroskop) und der Niedervakuum- und Atmosphärendruck-Elektronenmikroskopie werden gemacht. Letztere erlaubt insbesondere die Untersuchung elektrischer Isolatoren und feuchter Proben.

Kennzeichen der Zukunft ist der Vorstoß in neue Dimension, war es gestern „mikro" und heute „nano", so wird es morgen bald schon "pico" sein. Erschlossen werden wird mehr und mehr eine bisher noch fremde Welt, das Picometer-Universum. Eröffnete das Lichtmikroskop das erste Tor zum Mikrokosmos, das Elektronenmikroskop das zweite und die Ausnutzung der Wellennatur von Elektronen das dritte Tor.

Ausnutzung der Wellennatur von Elektronen Materialdefekte im Picometermaßstab

Literatur.

[1] Hooke, R.: Micrographia, or some physiological descriptions of minute bodies etc., London 1667.

[2] Réaumur, R. A. F. de: L`art de covertir le fer forgé en acier et l `adoucir le fer fondu, Paris 1722.

[3] Newton, I.: Optice …, Lausanne & Genf 1740.

[4] Baker, H.: Employment for the microscope, London 1764.

[5] Baker, H.: The microscope made easy etc., London 1769.

[6] Hartig, P.: Das Mikroskop, Theorie, Gebrauch, Geschichte und gegenwärtiger Zustand desselben, Braunschweig 1866.

[7] Vogel, J.: Das Mikroskop; ein Mittel der Belehrung und Unterhaltung für Jedermann sowie des Gewinns für Biese, Leipzig: L. Denicke 1867

[8] Dippel, L.: Das Mikroskop und seine Anwendung, Theil I und II, Braunschweig 1867 und 1869.

[9] Nägelie, C.; Schwendener, S.: Das Mikroskop, Theorie und Anwendung desselben, Leipzig: W. Engelmann 1867; das. 1876.

[10] Vogel, J.: Das Mikroskop und die Methoden der mikroskopischen Untersuchung in ihren verschiedenen Anwendungen, Berlin 1877.

[11] Frey, H.: Das Mikroskop Leipzig 1881.

[12] Dippel, L.: Das Mikroskop, Band 1, Allgemeine Mikroskopie, Braunschweig 1882.

[13] Behrens, B.: Hilfsbuch zur Ausführung mikroskopischer Untersuchungen, Braunschweig 1883.

[14] Dippel, L.: Grundzüge der allgemeinen Mikroskopie, Braunschweig 1885.

[15] Hager, H.: Das Mikroskop und seine Anwendung : ein Leitfaden bei mikroskopischen Untersuchungen für Apotheker, Aerzte, Medicinalbeamte, Kaufleute, Techniker, Schullehrer, Fleischbeschauer etc. Berlin: Julius Springer 1879; ders. Berlin 1886.

[16] Meyers Konversations-Lexikon, Vierte Auflage, Elfter Band, S. 600/605, Leipzig: Verlag des Bibliographischen Instituts 1888.

[17] Behrens, W.; Kossel, A.; Schiefferdecker, P.: Das Mikroskop und die Methoden der mikroskopischen Untersuchung, Braunschweig 1889.

[18] Petri, R. J., Das Mikroskop von seinen Anfängen bis zur jetzigen Vervollkommnung, Berlin: Verlag von Richard Schoetz 1896.

[19] Meyers Lexikon, Siebente Auflage, Achter Band, Sp. 433/441, Leipzig: Bibliographisches Institut 1928.

[20] Greeff, K. R.: Erfindung der Augengläser, Berlin: Verlag Alexander Ehrlich, Optische Bücherei, Band 1, 1921.

[21] Feldhaus, F. M.: Die Technik der Antike und des Mittelalters, Band I, Wildpark-Potsdam: Akademische Verlagsgesellschaft Athenaion 1931.

[22] Gloede, W.: Vom Lesestein zum Elektronenmikroskop, Berlin: VEB Verlag Technik 1986.

[23] Wang, Z. L.; Liu Yi; Zhang, Ze (Eds.): Handbook of Nanophase and Nanostructured Materials, Volume I: Synthesis, Volume II: Characterization, Volume III: Materials Systems and Applications I, Volume IV: Materials Systems and Applications II, Springer Verlag GmbH 2002.

Internet Links:

- Antoni van Leeuwenhoek und seine Zeit
- Aus der Geschichte der Mikroskopie
- Erfindung des Mikroskops
- Geschichte der digitalen Mikroskopie
- History of Atomic Force Microscopy
- History of Electron Microscopy in Leeds
- History of Microscopes
- History of Optical Microscopy
- History of the Electron Microscope
- History of Microscopy at Carl Zeiss History of the Electron Microscope
- Introduction to Research with Early Microscopes
- Key Events in the History of Electron Microscopy
- Lessons from the History of Light Microscopy
- Museum of Microscopy
- Neue Laser und Mikroskope
- Vom Wassertropfen zum Rasterkraftmikroskop
- Vorstoß in den Mikrokosmos

Vita des Autors.

Name:	Dr. Wolfgang Piersig
Geburtstag:	12. Mai 1944
Geburtsort und Schulbesuch:	Lessingstadt Kamenz (Sachsen)
Wohnort:	Berg- und Adam-Ries-Stadt Annaberg-Buchholz
Persönliche Verhältnisse:	verheiratet seit 1965 mit Frau Stefanie-Konstanze, Lochner, zwei Töchter.
Abschlüsse:	Schlosser (1961), BKW Heide-Wiednitz; Dipl.-Ing. (FH) für Kohleveredlung (1964), Berg-Ingenieur-Schule Senftenberg; Dipl.-Ing. für Werkstofftechnik (1972), Promotion zum Doktor-Ingenieur (1979), Hochschulpädagogik Stufe I und II (1980), Technische Hochschule Karl-Marx-Stadt; Technikgeschichte (1987), Technische Universität Dresden;

Fachautor für Technikgeschichte: Arbeiten zu den Werkstoffwissenschaften:

- *Adolf Martens – Erinnerungen an den Nestor der Materialprüfungen der Technik.*
  GRIN-Verlag; Archivnummer: V83903,
  ISBN (E-Book): 978-3-638-88760-1; ISBN (Buch): 978-3-638-90360-8.
- *Emil Heyn – Adam-Ries-Nachfahre, gewidmet dem Nestor zweier Technikwissenschaften Metallkunde und Metallographie.*
  GRIN-Verlag; Archivnummer: V84013,
  nur ISBN (E-Book): 978-3-638-87588-2.
- *Erinnerungen an den 170. Geburtstag von Alexandre Gustave Eiffel und Bau des Eiffelturms vor 115 Jahren.*
  GRIN-Verlag; Archivnummer: V83763,
  ISBN (E-Book): 978-3-638-88603-1; ISBN (Buch): 978-3-638-90513-8.
- *Vannoccio Biringuccio und die Pirotechnia – 525. Geburtstag des ersten Autors der Metallurgie.*
  GRIN-Verlag; Archivnummer: V83955,
  ISBN (E-Book): 978-3-638-88607-9; ISBN (Buch): 978-3-638-90372-1.
- *Ein Exkurs durch die bedeutendsten Weltausstellungen von 1851 bis 2005 für Fachleute, Interessierte und Laien.*
  GRIN-Verlag; Archivnummer: V83815,
  ISBN (E-Book): 978-3-638-88605-5; ISBN (Buch): 978-3-638-89274-2.
- *Die Palmenblattflechterei und das Castell de Capdepera auf Mallorca.*
  GRIN-Verlag; Archivnummer: V116704,
  ISBN (E-Book): 978-3-640-18703-4; ISBN (Buch): 978-3-640-18856-7.
- *ECM - Elektrochemische Metallbearbeitung und EC-Kombinationsverfahren - Ein Beitrag zur Technikgeschichte anlässlich des 85. Geburtstag von Herrn Prof. Dr. rer. nat. sc. techn. Hans Wicht.*
  GRIN-Verlag; Archivnummer: V117592,
  ISBN (E-Book): 978-3-640-19823-8; ISBN (Buch): 978-3-640-19833-7.

- *Emil Heyn. Nestor der Technikwissenschaften Metallkunde und Metallographie. Ein kurzer Auszug aus der Emil-Heyn-Chronik und Rückblick auf das am 6. und 7. Juli 2007, anlässlich des 140. Geburtstages von Emil Heyn, in der Berg- und Adam-Ries-Stadt Annaberg-Buchholz stattgefundene Emil-Heyn-Kolloquium.*
  GRIN-Verlag; Archivnummer: V120087,
  ISBN (E-Book): 978-3-640-23584-1; ISBN (Buch): 978-3-640-23588-9.
- *Henry Clifton Sorby – Begründer der klassischen Metallographie – Mit einem Abstract über die Herausbildung der Technikwissenschaft Metallographie, nebst Originalquellen, Schrifttumstipps, Literaturregister.*
  GRIN-Verlag; Archivnummer: V123320,
  ISBN (E-Book): ISBN: 978-3-640-27261-7; ISBN (Buch): ISBN: 978-3-640-27265-5.
- *Henry Bessemer und das Bessemern, mit einer Sammlung und Anlage von Veröffentlichungen darüber.*
  GRIN-Verlag; Archivnummer: V131002,
  ISBN (E-Book): 978-3-640-36415-2; ISBN (Buch): 978-3-640-36361-2.
- *Der Kristallpalast zu London, mit einer Vita zu Joseph Paxton, dem Architekten des Crystal Palace zu London, nebst einem Kurzbericht über die erste Weltausstellung London 1851. Beitrag zur Technikgeschichte. (1)*
  GRIN Verlag; Archivnummer: V132604,
  ISBN (E-Book): 978-3-640-38260-6; ISBN (Buch): 978-3-640-38312-2
- *Beitrag zur Entstehung und Entwicklung des Musicals.*
  GRIN Verlag; Archivnummer: V131395.
  ISBN (E-Book): 978-3-640-36639-2; ISBN (Buch): 978-3-640-36612-5.
- *Johann Bauschinger – Begründer der mechanisch-technischen Versuchsanstalten, mit dem Nachruf von Professor Adolf Martens und der Gedenkrede von Professor Friedrich Kick auf Professor Johann Bauschinger (1834-1893).*
  GRIN Verlag; Archivnummer: V132971,
  ISBN (E-Book): ISBN: 978-3-640-39292-6; ISBN (Buch): 978-3-640-39322-0.
- *Kompendium Papier – eine Chronologie mit einem umfangreichen Lexikon zu diesem alltäglichen Werkstoff.*
  GRIN Verlag; Archivnummer: V134334,
  ISBN E-Book): 978-3-640-40896-2; ISBN (Buch): 978-3-640-40940-2.
- *Der sächsische Lokomotivenkönig. Zum 200. Geburtstag des sächsischen Lokomotivenkönigs und Industriepioniers Richard Hartmann.*
  GRIN Verlag; Archivnummer: V137862,
  E-Book ISBN: 978-3-640-44585-1; ISBN (Buch): 978-3-640-44592-9.
- *Erinnerungen an den 170. Geburtstag von Alexandre Gustave Eiffel und der Bau des Eiffelturms vor 115 Jahren.*
  Collection deutscher Erzähler – Eine Anthologie neuer deutschsprachiger Autorinnen und Autoren, Band 3, Frankfurt/Main : R. G. Fischer Verlag 2004,
  ISBN: 3-8301-0633-5.
- *Emil Heyn – Nestor der Metallkunde und Metallographie.*
  Stahl und eisen 125 (2005) Nr. 6, 15. Juni 2005, S. 54/56.
- *Vannoccio Biringuccio und die Pirotechnia.*
  Stahl und eisen 126 (2006) Nr. 3, 15. März 2006, S. 96/98.
- *Gedenken zum 100. Todestag.*
  Adolf Ledebur – Theoria cum praxi.
  Stahl und eisen 126 (2006) Nr. 6, 19. Juni 2006, S. 104/106.

- *Annaberger Museumsnacht mit einem neuen Angebot.*
  Emil Heyn zu Gast bei Adam Ries.
  stahl und eisen 126 (2006) Nr. 9, 15. September 2006, S. 98.
- *Adolf Martens.*
  Erinnerungen an den Nestor aller Materialprüfungen der Technik.
  stahl und eisen 127 (2007) Nr. 3, 15. März 2007, S. 112/114.
- *Reminiszenzen an den Baubeginn des Eiffelturms vor 120 Jahren.*
  stahl und eisen 127 (2007) Nr. 11, 7. November 2007, S. 170/174.
- *Zum 110. Todestag von Henry Bessemer.*
  Henry Bessemer und sein Stahlgewinnungsverfahren.
  stahl und eisen 128 (2008) Nr. 3, 17. März 2008, S. 118/120.
- *100. Todestag von Henry Clifton Sorby.*
  Henry Clifton Sorby gilt als Begründer der Metallographie.
  stahl und eisen 128 (2008) Nr. 6, 16. Juni 2008, S. 104/106.
- *175. Geburtstag von Johann Bauschinger – Begründer der mechanisch-technischen Versuchsanstalten.*
  stahl und eisen 129 (2009) Nr. 6, 16. Juni 2009, S. 100/102.
- *Zum 200. Geburtstag des sächsischen Lokomotivenkönigs und Industriepioniers Richard Hartmann (1809-1878).*
  Stahl und eisen 129 (2009) Nr. 11, November 2009, S. 129/131.

Annaberg-Buchholz im November 2009.

Abstract.

Im vorliegenden Werk zum Mikroskop wird aufgezeigt, daß diese sehr kleine Gegenstände dem Auge vergrößert darstellen können und es ein Gerät ist, welches es erlaubt, Objekte vergrößert anzusehen oder bildlich darzustellen. Aus der Chronologie geht ebenfalls hervor, daß ihre Anwendung als Instrumente zur Entschlüsselung von Objekten bzw. ihrer Struktur dient, deren Größe meist unterhalb des Auflösungsvermögens des menschlichen Auges liegt. Aus der Chronologie geht ebenfalls hervor, daß ihre Anwendung als Instrumente zur Entschlüsselung von Objekten bzw. ihrer Struktur dient, deren Größe meist unterhalb des Auflösungsvermögens des menschlichen Auges liegt. Vermittelt wird außerdem, eine Technik, die ein Mikroskop einsetzt, wird als Mikroskopie bezeichnet, wobei, abhängig vom Auflösungsvermögen der Geräte, unterschieden wird in die optische, die Elektronen- und die Raster-Sonden-Mikroskopie. Die Geschichte der Mikroskopie beginnt, wie könnte es anders sein, mit den Griechen und Römern. Der Autor führt den Leser in seinem Exkurs zur Genese der Mikroskopie von den Brenngläsern der Vorzeit, den Lesesteinen der Antike, über die klassischen Lichtmikroskope mit einem physikalisch bestenfalls möglichen Auflösungsvermögens von 0,2 Mikrometer bis hin zu den Transmissionselektronenmikroskop mit Aberrationskorrektur, TEAM genannt, mit einer Auflösung von 0,05 Nanometern.